科学全知道系列

跟我握手吧，化学

[韩]金姬贞◎著

[韩]吴胜晚◎绘

千太阳◎译

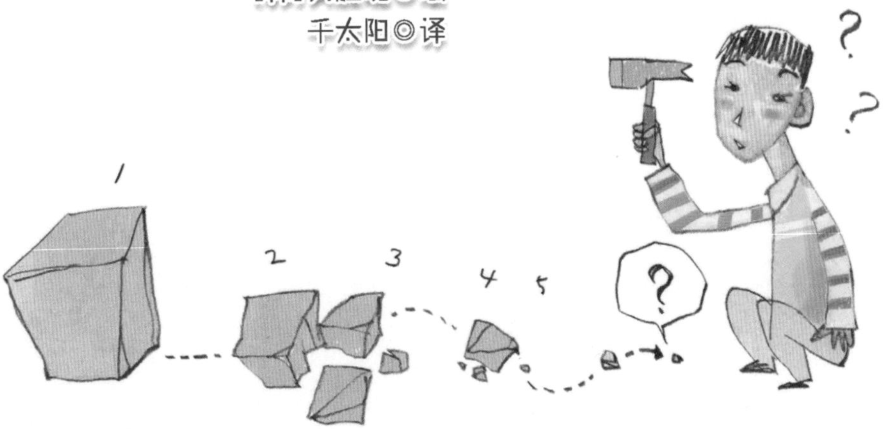

吉林科学技术出版社

我们生活的世界充满了化学

小朋友们，有没有思考过"我们生活的世界是由什么构成的"这个问题呢？

虽然我们无法用肉眼看到，但是我们脚下的大地，我们所呼吸的空气，所有生物生存所需要的水，还有这个世界上的一切生物都是由非常微小的元素组成的。化学能帮助我们找到这个问题的答案。化学是一门研究物质的组成、结构、性质以及变化规律的科学。

当我们准备揭开世界万物是由什么组成的这一秘密时，我们会发现，供暖所用的煤炭、用于做铅笔芯的石墨和昂贵的钻石等虽然不是同一种物质，但它们的组成元素是相同的。这是不是很有趣呢？

科学家们发现的化学世界是如此神秘而有趣，但这对于各位小朋友来说还是有点难懂。不过，令人高兴的是这本《跟我握手吧，化学》会满足小朋友们对化学的所有好奇心。这本书将会告诉小朋友，我们所生活的世界都是由化学元素构成的，此外，还讲了许多发生在日常生活中的化学故事。本书不仅能帮助儿童认识化学世界，就连大人们看了也会对化学产生兴趣。

　　本书的小主人公正斌通过在学校学习、和朋友们在游乐园玩、在家吃炒年糕等日常活动，认识到在我们的生活中处处都充满了化学的影子。

　　大家也随着本书的故事变成科学家和侦探家，去揭开化学世界的秘密吧。

 # 化学在掉落

我们的身体是由什么组成的呢？

细胞？回答正确。

那么细胞又是由什么组成的呢？

咦？这次怎么没有听到回答的声音呢？

好吧，让我来告诉你们吧，细胞是由化学物质组成的。

仅此而已，只是我们感觉不到罢了，在我们读这本书的时候，空气中的化学分子就像雨点一样倾盆而下落到我们身上。犹如淋浴器喷头中喷出来的水花。

米饭、蔬菜、清凉饮料、书籍和笔记本、书桌、冰箱、餐桌、电脑、手机、手表、衣服、口香糖等这些我们生活中常见的物品，都是和化学有关的。为什

么我们的直发经过热烫之后就会变成漂亮的卷发呢？煤气灶上燃烧的火焰为什么是蓝色的呢？是什么把我们吃进肚子里的汉堡包消化得一干二净呢？为什么会脸红、心跳加速呢？这一切都是化学作用的结果。

　　我们虽然无法用肉眼看清这些微观世界，但是化学就像朋友一样一直陪伴在我们的身边，形影不离。

　　想不想知道我们身边的化学朋友都是怎样生活的呢？那就跟着我一起去探险吧！

目 录

围绕在我们身边的化学世界

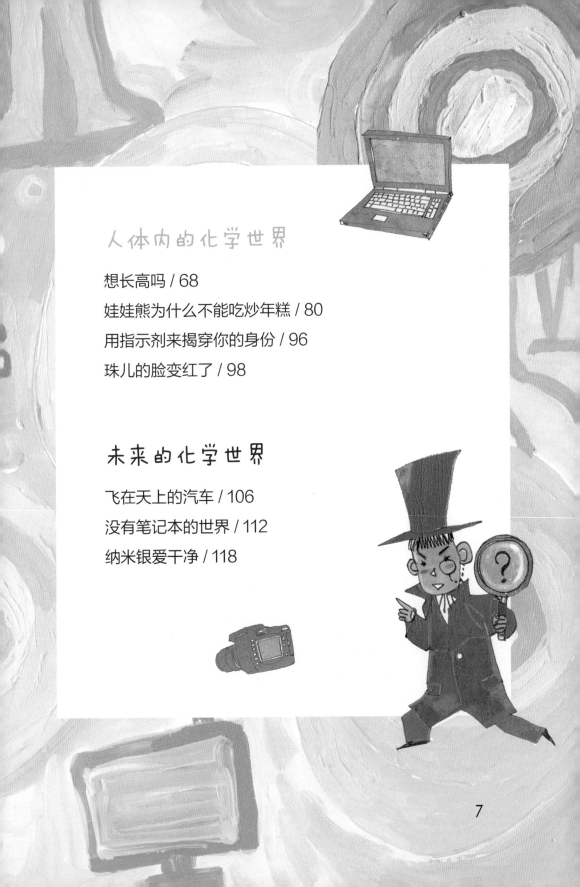

人体内的化学世界

未来的化学世界

围绕在我们身边的化学世界

在这个世界上，化学占据着多大的部分呢？只有指甲盖那么大，还是手掌那么大？
可别被吓到哟，我们的世界全部都跟化学有关。
只是我们无法用肉眼直接看到罢了。
那么从现在开始，去寻找一下我们生活中的化学吧。

细胞是由什么组成的呢
原子和分子

上课铃响了，正斌却没往教室走，而是去了别的地方。他要去哪里呢？

原来今天的课不在教室里上，而是要到实验室去。老师说过今天要上一堂很有趣的课。

正斌和他的同学们带着好奇心推开了实验室的门，发现每张桌子上都放着一个显微镜。

"同学们注意了！你们都看到每张桌子上的显微镜了吗？今天我们就用这个显微镜来观察一下我们的身体是由什么组成

的。"

"哇！太棒了！"

这是正斌第一次看到真正的显微镜，今天的科学课让他充满了期待。

"来，拿起你们面前的棉棒，放到口腔内侧轻轻地抹一下，然后拿出来涂到载玻片上。"

用棉棒在口腔内侧沾抹一下，口腔中的细胞有一些就会脱落。

这些细胞如果直接放在显微镜下观看的话，是不能看清楚的，所以要用蓝色染色液给这些细胞上点颜色。最后把盖玻片盖上，玻片标本就制作好了！

接下来，把完成后的玻片标本放到显微镜下，仔细观察就会看到像气球一样圆形的东西。

"大家都看到了吗？现在你们所看到的圆形的东西就是我们口腔中的细胞。虽然我们不能用肉眼看到这些细胞，但我们的身体确确实实就是由这些细胞组成的。"

"老师，那用显微镜看这本书的话，也能看见细胞吗？"

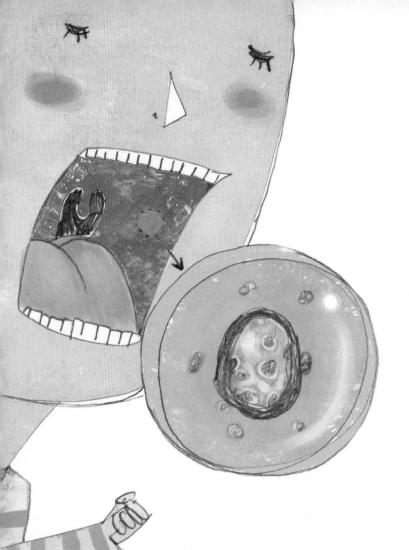

　　"细胞只存在于人、动物、植物和细菌等生物的
身体里。"

　　"那书本是由什么组成的？"

　　"是原子。原子是构成世界万物的非常非常小的
颗粒。构成我们身体的每个细胞也是由无数个原子组
成的。"

12

非常非常小的颗粒

在今天的科学课上，能够亲眼看到构成我们身体的细胞，真的是一次非比寻常的体验。下课回家后，正斌突然想见一下"原子"了。

原子是化学反应不可再分的基本微粒。原子在化学反应中不可分割，但在物理状态中可以分割。

那是不是说，就像砸一种东西，如果一直砸，砸到不能再砸时，我们就会看到原子了呢？

当然不是啦！

世界上有像糖类、脂肪、蛋白质一样的营养素，也有我们生存所必需的氧气、水和金属元素，还有制

造书籍的纸、树木、塑料和玻璃。

如果想要把我们周围的事物一一列举出来的话，恐怕花一天，不，花一个月的时间也说不完。

世上所有的东西都是由某种材料组成的。

我们把这种材料称为物质。例如，用木头做的桌子，"桌子"是物品的名字，而制造桌子的材料"木头"就是物质。这些物质又是由某种颗粒组成的，就像一个个积木组合构成房屋或汽车一样。

原子非常非常小，小到无法用肉眼看到，甚至连正斌用来观察细胞的显微镜也无法看到。

原子只有靠特殊的显微镜才

14

能被观察到。那么原子到底有多小呢，以至于只有通过特殊显微镜才能看得到？举一个例子吧，现在伸出你的小拇指，看看一指节的空间有多大，假设我们吸气一次所需要的氧原子都挤在这一指节的空间中，你知道吗，即使在这么小的地方，也能装下比全世界的人口总数多得多的氧原子。

你一定想不到，这么渺小的原子可是构成化学世界的主人公呢！

世界上最有个性的粒子

原子是构成一般物质的最小单位，但只有一个原子是什么事都办不成的，就像只有几块积木不可能自动地搭出小房子、小汽车和小动物一样。我们可以仔细地想一想，木块是硬的、水是可以流动的、盐是咸的，是不是世界万物都拥有自己独特的个性呢？

这些物质之所以会有不同的个性，是因为不同的原子通过特殊的方法结合形成了新的粒子——分子。同样的道理，用积木搭小房子和搭小动物时所使用的方法也是不同的。

渺小的原子颗粒们竟然可以用自己特有的规则构成水、空气、树木等，你是不是觉得很神奇啊？

在化学的世界里，原子通过不同的组合方式形成了不同特性的分子。

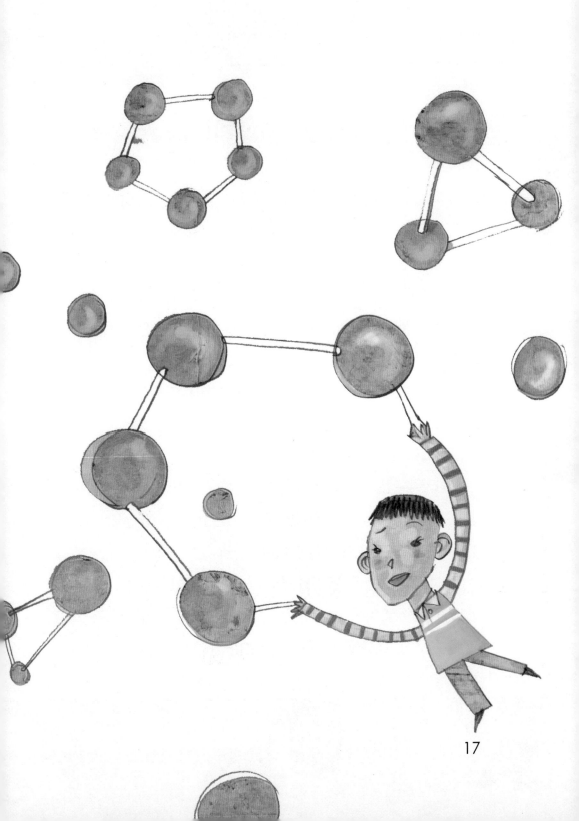

有没有比原子更小的粒子呢

刚才我们谈到，原子小到了不用特殊显微镜都难以观察到的程度，不知道大家还记不记得呢？

那么，原子是不是世界上最小的粒子呢？

答案是否定的。这个世界上，还有比原子更小的粒子呢。但人们意识到还存在着比原子更小的物质是近代的事情。

自从1808年英国科学家道尔顿提出构成物质的最小粒子是原子这一说法后，人们都认为原子是构成物质的最小单位。

但是在1897年，一位名叫汤姆孙的科学家发现了电子，证实了世上还有比原子更小的粒子。但当时人们并不知道它是由什么组成的。

时间流逝，到了1911年，一位叫卢瑟福的科学家证明了围绕着原子中心的原子核旋转的粒子是电子。随后，又陆续发现了原子核是由质子和中子两种更小

的粒子组成的。现在科学家们相信还有比质子、中子
更小的名叫夸克的粒子的存在。

以后还会有比夸克更小的粒子被发现吗？

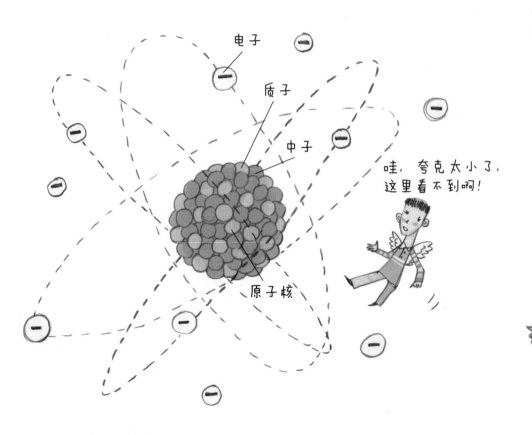

电子

质子

中子

哇，夸克太小了，
这里看不到啊！

原子核

原子的结构

玻璃杯为什么会流"汗"呢
物质的状态

正斌最喜欢做的一件事情就是放学后跟朋友们一起踢球。

"我在这儿，这边！传给我！"

正斌接住了永贞传给他的球。正斌带球朝对方的球门跑去，对方两名防守队员为了抢到这个球奋力猛扑上去。可是，正斌用非常漂亮的假动作绕过了他们。

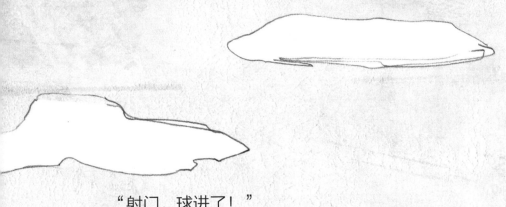

"射门，球进了！"

每当射进一个漂亮的球，正斌就感觉自己棒极了。

"妈妈，我今天进了两个球，我们班也以2比0的比分获胜了。哈哈！都是我的功劳哟，我的功劳！"

看着正斌自豪的样子，妈妈也高兴地笑了。

"嘿，我的儿子真是了不起啊！正斌是最佳前锋哟！看你的衣服都湿透了，赶紧去洗个澡，然后出来喝点凉水。"

"呀，妈妈，水好像出来了！"

洗完澡从浴室出来的正斌跟妈妈说，因为他看到放在餐桌上的玻璃杯表面湿漉漉的。

可是没有人洒过水啊，真是一件很奇怪的事情！

是不是杯子上有裂缝，所以水就从里面流出来了，还是玻璃杯也感到很热而流"汗"了呢？

易拉罐表面流的是汗水，还是可乐呢？

正斌对这一奇怪现象感到非常好奇，仔细想想这种事以前也发生过。

和朋友们踢完球后，到超市买瓶冰镇可乐时，也有过类似的情况发生。把可乐从冰箱里拿出来不久，瓶子表面就会出现一些水珠一样的东西。

假如是可乐流出来了，那也应该是黑色的水滴啊？

但那是一颗颗像水珠一样透明的液体，就像汗水似的。不过，那种水的味道可不像正斌所流的汗水一样咸。

那么这种水到底是怎么来的呢？

冰、水、水蒸气三兄弟

正斌家的厨房里有冰箱、餐桌和电饭锅。而正斌的房间里放着电脑、床和书桌。

那么没有这些东西的空间里，是不是就不存在任何东西呢？当然不是，只是正斌无法看到而已，其实在这个世界上，到处都是满满的，根本没有空空的地方。

总有东西会将剩余的空间填满，区别仅在于人们看得见或看不见。

我们把用肉眼容易看得到的冰箱、餐桌、书桌等坚硬的物体叫作固体。但这并不等于只要是能看得见的东西，就是固体。

玻璃杯中的水，我们看

24

得见；每天早晨喝的牛奶，我们也看得见；清凉的可乐，我们同样看得见。但水、牛奶和可乐既不是方形的，也不是圆形的，它们会随着容器的不同而呈现不同的形状。我们把这种物质叫作液体。

除了固体和液体，还有一种我们称之为气体的物质。气体既无法看到，也无法摸到。偶尔可以看到液体变成气体的瞬间——烧水的时候。从热滚滚的壶口中冒出来的白色热气，会立即变成看不见的水蒸气消失在空气中。

不像固体那样有着明显的形态，也不像液体那样可以盛放在敞口儿容器里并可以看得见的物质，我们就称之为气体。

正斌家餐桌上的水杯周围，一定存在着无限多的看不见的气体。超市里的可乐罐周围，也存在着许多看不见的气体哟。

活跃在我们周围气体中的，有我们吸气时需要的氧气，也有我们呼气时释放出的二氧化碳，同时，还混合着少量的水蒸气。

那么，这些气体到底是怎样让玻璃杯流"汗"的呢？

随温度变身

　　水是一个魔法师，可以变成气体或者固体。

　　像书桌和床一样的固体一般需要待在同一个地方，不能随便移动，所以它们感到十分不满。在阳光明媚的日子里，它们也没有办法出去玩。偶尔在搬家的时候可以出来透透气，但这就是它们全部的活动了。除了搬家的时候能活动活动筋骨，其他时候它们就只能在同样的地方过着一成不变的生活。

水却不一样，只要给足够的热量，它就会变成气体，就可以去周游世界了，还多了一个更好听的名字——水蒸气。飞在空中的水蒸气可以尽情地观赏这个世界。

好景不长，一旦天气变凉了，自由自在的水蒸气就会失去热量并重新变回液体，因为它已经没力气在空中飞了，这时候我们就把它叫作水。在这种状态下如果冷风吹得更厉害一些，且温度降到零摄氏度以下时，水就会因为被抢走过多的热量而变成固体，此时它的名字也会随之变为冰。之后它又通过吸收阳光等的热量变回水，变回水蒸气，继续它的旅行。

虽然水被很多固体羡慕不已，但它自己也有许多不满。

"这些都不是我想变就变的。我想在自由的水蒸气状态下多逛逛，可冷风一吹来，我就得变成水。而且，我讨厌自己变成冰时那胖胖的体

28

形。"

水变成冰，会变胖一些。如果是其他物质从液体变成固体后，体积通常会减小很多。分子们因失去能量而无法四处运动，所以就密密地聚到了一起。但水就不一样了，水分子们就像跳圆圈舞似的伸展着双臂构成水，所以温度降到零摄氏度以下的时候，体积就会变大。就如上面所说，水能够变成固体和气体，即转化为冰和水蒸气，但同时又有随着周围温度的变化而变化的可悲命运。这就是解决为什么玻璃杯看起来在流汗这个问题的第二个线索。正斌已经找到答案了，大家是不是也发现了呢？

在玻璃杯周围的空气中，水蒸气朋友们正在旅行。但是路过此处时，刚好撞在了冰凉的水杯上，失去热量的它们就变成了水。其实，玻璃杯所流的汗就是围绕在玻璃杯周围的水蒸气液化后的产物。

水独有的排列方式

大部分物质从气体到液体，再从液体到固体的变化过程中，它们的身体会越来越小。在低温下，物质就没力气运动了。所以分子们把身子紧贴在一起，几乎不怎么动。因此，固体是不易变形的。

但是随着温度的逐渐上升而吸收热量变成液体的分子们，也会变得越来越有劲。为了能更自由地游来游去，物质的状态也变成能改变形状的液体。

继续加热的话，分子们因运动速度太快而无法稳

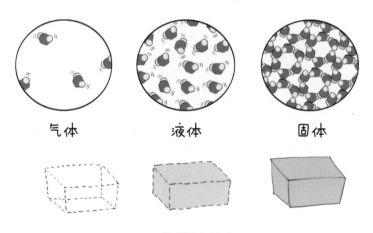

气体　　　　　液体　　　　　固体

物质的状态

定下来，而且会产生互相远离的现象。如果分子们互相离得太远的话，我们就看不见那种状态了，那就是气体。

但是水就有点特别了。如果水变成固体形式——冰的话，会按自己特有的方式来排列。水分子是由一个氧原子和两个氢原子构成的。用特殊显微镜观察水分子会发现，它就像跳圆圈舞的人一样张开手臂。因为这种结构，当水分子们为了变成冰而排队时会出现许多空间。所以当水从液体状态变为固体状态的冰时，它的体积反而会增加。

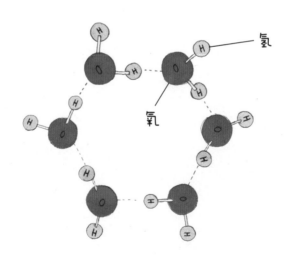

当水变成冰时，分子们排队的模样

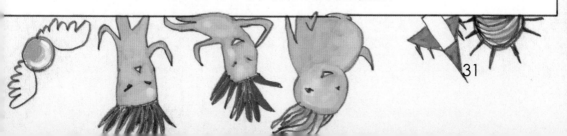

怎样把铁粉挑出来呢
混合物和纯净物

　　放学后，正斌和朋友们一起去游乐场里玩沙子。正斌他们为了建造沙堡正忙着用玩具卡车搬沙子，这时，珠儿刚好路过那里。

　　"正斌，做什么呢？我也要参加。"

　　"是珠——珠儿啊，你好！我们正做沙堡呢……来，过来一起玩。"

看来正斌有点紧张，说话磕磕巴巴的。

正斌赶紧回过神来，看着珠儿手上的塑料袋说：

"你手上拿着的是什么呀？"

"嗯，明天科学课不是要学习磁铁的性质嘛！所以我去买了一些明天要用的东西——磁铁和铁粉。"

珠儿给正斌看了一下塑料袋里面的东西，果然有铁粉和沾满铁粉的磁铁。

"哦，我妈也给我买了。那我们一起建沙堡吧。"

满脸通红的正斌邀请珠儿跟自己一起玩，不知过

了多长时间，当他们建完一座沙堡时，天都已经黑了。

这时珠儿突然喊道：

"啊，怎么办？这些都漏出来了！文具店应该早就关门了……该怎么办啊？"

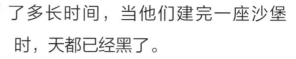

原来，珠儿装有铁粉的塑料袋破掉了。

正斌他们附近的沙子里撒了许多铁粉。这可糟糕了。明天上科学课一定要用铁粉的。但现在又不能重新去买……为了解决这个问题，正斌和珠儿绞尽脑汁想办法。

"有没有什么好办法呢？"

正斌好像想出了什么好点子。

"对了，用磁铁！"

铁粉的性质是什么

就像沙子和铁粉混合在一起一样，由保留各自原有性质的两个或两个以上的物质混合而成的物质，我们叫作混合物。

对啊！用磁铁！

混合物分为两种。一种是均匀混合物。我们来回想一下盐水的味道，是每一部分都一样咸，还是有些部分很咸而有些部分是稍微咸呢？像盐水一样，物质的每一部分都按相同的比例混合的混合物，就叫作均匀混合物。

而像有果粒沉淀物的果汁、拌有石子或碎石的混凝土一样，有些地方混合得很好而有些地方混合得不好的混合物，就叫作非均匀混合物。

那有没有只由一种物质组成的物质呢？有啊！这种物质就叫作纯净物。纯净物也同混合物一样分为两类。一种是单质，单质是指由一种元素构成的物质。

什么叫元素？

让我们想象一下，假如盘子里放着一个苹果和两个橘子。那么，在盘子里共有几种水果呢？是不是只有苹果和橘子这两种呢？元素是指原子的种类，就如同盘子中的苹果和橘子是水果的两个种类一样。

珠儿在游乐场的沙地里撒掉的那些铁粉是一种叫铁（Fe）的单质。

纯净物的另一种是化合物。

化合物由两种或两种以上的元素组成。但是这两种或两种以上的元素进行化学反应，失去自身的性质会形成一种新的物质。就像A+B=C。

例如，在化学中，食盐被称为氯化钠（NaCl），这种物质是由钠元素和氯元素组成的。钠和氯产生了化学反应，形成了一种全新的物质。氯化钠并不拥有钠和氯两者的性质，它只是一种叫作氯化钠的新物质而已。

钠离子和氯离子结合生成氯化钠，即食盐

钠

氯

37

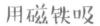

用磁铁吸

那么让我们一起来看一下，分离沙子和铁粉的几种方法吧。

首先要做的是确认由沙子和铁粉混合成的物质是混合物还是纯净物。沙子和铁粉之间没有发生化学反应，并且保留着自己原有的性质，所以这种物质是混合物。

然后要做的就是了解混合物中各物质的性质。沙子和铁粉都特别微小，所以很难用手挑出来。那么铁粉和沙子最大的区别是什么呢？

那就是它们是否拥有"铁磁性"。

把混有铁粉的沙子铺在一张大纸上，然后拿着一块磁铁在这些沙子上方慢慢地移动，混在沙子里的铁粉就会被吸到磁铁上。

把沾在磁铁上的铁粉用手拨

弄掉，然后放到一起就行了。反复几次，就可以把沙子和铁粉分离开了。

　　另外，还可以在使用磁铁之前，事先用一张纸或一个塑料袋将磁铁裹住，这样在弄掉铁粉时，会轻松不少。

　　那如果是没有铁磁性的泡沫塑料和沙子混合在一起时，该怎么办呢？

　　这时候我们利用水就可以轻而易举地搞定了。

　　因为相同体积的泡沫塑料比水轻，所以能浮在水上，而相同体积的沙子比水重，就会沉

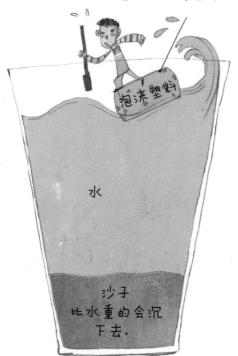

比水轻的可以浮在水上.

泡沫塑料

水

沙子
比水重的会沉
下去.

到水底。把浮在水上的泡沫塑料取出来就完成了分离工作!

这种分离泡沫塑料和沙子的方法是利用了物质之间的密度差。

密度是指在同一空间内分子的含量。气体在很大的空间内包含的分子含量很少，这时我们就说气体的密度小，而固体在很小的空间里却拥有许多分子，所以我们就说固体的密度大。

不过，在利用密度差来分离混合物时，需要注意一个问题：虽然两个物体之间的密度差很大，但是如果两种物质都能浮在水面或者都能沉到水底，这时我们就无法分离了。

我们再试着把盐和沙子的混合物进行分离。但这

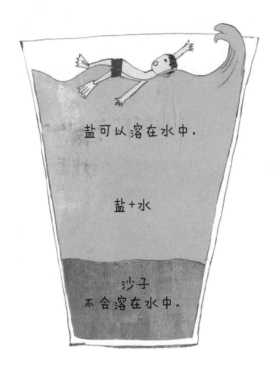

盐可以溶在水中。

盐+水

沙子
不会溶在水中。

次使用的方法不是利用物质的密度差。

　　把混有盐的沙子放进水中时，盐可以在水中溶化而沙子是不行的，我们把一种物质在另一种物质中溶化的过程叫作溶解。

　　除了上述几种方法外，还可以利用颗粒的大小差异，或者利用物质沸腾时所需的温度差异，或者利用可以溶解一种物质的特殊液体来进行分离，都是一些很有效的分离方法。混合物的分离法有很多种，有兴趣的话可以慢慢研究。

喝牛奶时，要知道这些哟

在大家生活的周围找一下溶液吧。什么是溶液呢？

在冰箱里可以轻易看到的牛奶、果汁、可乐、汽水等饮料就是溶液。还是不明白？

溶液就是像牛奶、果汁、可乐或汽水一样由两种或两种以上的物质混合在一起的液体。简单来说，就是呈液体状的混合物。

拿牛奶举个例子吧！

牛奶里包含着我们身体必需的各种营养素（物质）。这些营养素全部溶解在水中，我们把这些营养素称为溶质，而像水一样起溶解作用的物质就叫作溶剂。

溶液=溶质+溶剂

那么再拿汽水为例，一起来分辨一下溶质、溶剂和溶液吧。

喝汽水时能让喉咙感到清爽的气体——溶质。

能让汽水有甜味的糖——溶质。

溶解了气体和糖的水——溶剂。

混合了气体、糖和水的饮料——溶液。

以后在喝牛奶、果汁、可乐、汽水等饮料时，能不能边喝边玩一下辨认溶剂和溶质的游戏呢？

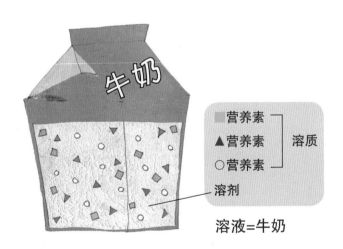

牛奶

■营养素
▲营养素　溶质
○营养素

溶剂

溶液=牛奶

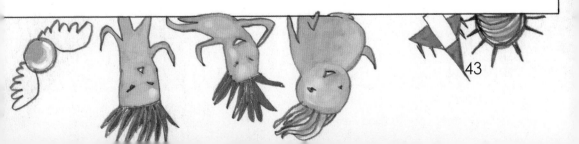

揭开焰火的神秘面纱

焰火的颜色

　　今天晚上将举行盛大的焰火晚会，正斌一家也打算一起去江边观看焰火。难得全家人一起出去玩一次，所以正斌一整天都处在兴奋的状态中。妈妈从早上就开始在厨房里忙碌，做了香喷喷的寿司，还有炸鸡，还去超市采购了一大袋零食。

　　"妈妈，快点，快点啦。"

　　正斌欢天喜地地拿着席子走在前面。一家人在吹着轻轻微风的江边选了一个地方。夜幕降临，人们也陆续从各处赶了过来，焰火晚会就要开始了。

　　"呼！"

　　当第一颗焰火爆竹被燃放时，人们开始欢呼。

　　"哇！好美啊！"

　　"呼！呼！……"

　　连续有几颗焰火在空中绽放出美丽的身姿，它

们有的像"心"形，有的像星星。

焰火的颜色也五彩缤纷，黄色、蓝色、红色等，绚丽夺目，令人眼花缭乱。

正斌目不暇接地看着在夜空中炫舞的焰火。

"哇，太漂亮了。我也想制造一颗那么漂亮的焰火。"

当大家观看焰火的时候，是不是也有过和正斌一样的想法呢？

可是焰火为什么能绽放出那么多种颜色呢？我们平常在家中可以看到的火的颜色，仅仅是蜡烛的黄色火焰和在煤气灶上的蓝色火焰。

不同的材料，不同的颜色

　　不同的元素是形成各种不同火焰颜色的主要原因。这些元素一般以金属状态存在着，但是一旦遇到火就会发出各种不同的颜色，我们称这种现象为焰色反应。就如同在我们周围有能歌善舞的朋友、擅长玩游戏的朋友和运动能力强的朋友一样，金属也有属于自己的火焰颜色。

　　金属钠燃烧时会发出橘黄色的火焰；用来做电池的锂，燃烧时会发出紫红色的火焰；能帮助我们排出废物的钾，燃烧时会发出紫色的火焰；我们用来做电线的铜，在燃烧时会发出绿色的火焰；帮助推进火

啊，好烫！好烫！

忍无可忍了！必须得发出光了！

箭的铯，发出的则是紫红的火焰；造飞机使用的铝和镁，发出的是白色的火焰；还有能强化骨骼的钙，则发出和胡萝卜的颜色相近的砖黄色的火焰。

盛大、华丽的焰火晚会，就是这些拥有不同火焰颜色的金属制造出来的。

充满能量就会放出火焰

"啊，好烫，好烫啊！"

金属钠接触到火时，因无法忍受巨大的热量（能量）而蹦来蹦去。

当火势越来越旺时，钠的脸就会变得通红。

发光后，身体变凉快了。

47

因为火释放出来的能量充满在钠的原子中。

我们把这种原子中充满着能量的状态称为激发态。

"啊，热得无法忍受了！"

现在处于激发态的原子们一下子把蓄积的能量释放出来了。原子们都想释放出多余的能量，回到稳定的状态，这种状态叫基态。

从红到紫，能量会依次变大。

　　但是能量从原子中释放出来时，会发生变化，会变为光。是不是很神奇啊？

　　一眨眼的工夫就能把能量变成光！原子中不会是有个工厂在运行吧？

　　光是能量的另一种形态。红色、黄色、紫色等不同颜色的光也有大小不同的能量。

观察彩虹的红、橙、黄、绿、蓝、靛、紫七种颜色可以发现：红色的能量最少，越靠近紫色，能量越多。

元素的火焰颜色也是一样的道理。燃烧时，发出黄色火焰的钠，其能量要比发出紫色火焰的钾的能量少。所以，通过观察元素燃烧时发出的火焰颜色，就可以知道各个元素拥有能量的多少。

原来，化学世界把能量的秘密都藏在华丽的火焰中了啊！

雪屋内部会暖和吗
放热和吸热

正斌正在读一本名为《形形色色的衣食住》的书。从书中的插画，可以看见像非洲等炎热地区的人们都穿着很薄的衣服。

与之相反，住在非常寒冷的地区的人们虽然穿着厚厚的大衣，还戴着口罩，但是眉毛上仍然结了冰。

其中一个奇怪的东西吸引了正斌的眼球。

"妈妈，这里说，可以用冰块建房子，真的好神奇啊。"

"啊，你是在说雪屋吧。据说，最近有很多雪屋都消失了，那是寒冷地区的居民们建造的。"

在冰天雪地的环境中居住的人们，把冰切成方块并堆成球形，然后再用雪来填充缝隙。最后往雪屋上面倒水。把水倒在冰上，雪屋不会融化吗？当然不会啦。当天气非常寒冷时，如果把水倒在冰的上面，水就会结成冰，使得雪屋更加牢固。而且倒在上面的

水会放热，还能起到暖和雪屋的作用。

　　水竟然可以让雪屋变得暖和，水又不是火，这其中到底藏着一个怎样的秘密呢？

散发热量的"龙"

当温度在冰点以下的时候，水以冰的形式存在；如果温度上升至零摄氏度以上时，冰就开始变为水。

这时"温度高"就等于"拥有很多能量"。就像得了感冒体温上升时，我们能感觉到发热一样。温度高的物质会拥有很多的能量，相反，温度低的物质只拥有少量的能量。

那么如果温度发生变化时会怎么样呢？

从高温降到低温时，会散发出与温度差对应的热量。

当雪屋（北极地区居民的小屋）上面的水（温度高）遇到冰（温度低）时，就会向周围散发热量，就像传说中的龙从口中喷火一样。水转化成冰时，所散发出来的热量使住在雪屋里的人们感觉温暖。可以这样说，水牺牲了自己却温暖了他人，我们应该感谢它哟。

我们把这种将自身的热量（能量）散发到周围的现象称为放热现象。出现放热现象的物质本身会因放出热量而使自身温度下降，但是周围温度会上升。

54

吸收热量的"吸热器"

有的物质可以散发热量，那么有没有一种物质可以像吸尘器吸尘一样吸收热量呢？答案是"有"。

想一想，当我们感冒发热时，妈妈会做些什么呢？妈妈会帮我们把衣服全部脱掉，更严重的时候，妈妈会用蘸着热水的湿毛巾擦拭我们全身。

还有摔倒后伤口处会微微阵痛、发热，这时如果用蘸有酒精的棉棒轻轻擦拭伤口，虽然会有点疼，但也会觉得很凉快。

原因是酒精在蒸发的时候，会吸收我们身体内部的热量，就像吸尘器吸尘一样。化学上把像酒精这样能够吸收热量的化学反应称为吸热反应。当物质发生吸热反应时，就会吸收周围的热量，而周围的温度便会随之降低，"下雪不冷，雪后寒"就是这个道理。

湿毛巾
吸热

寻找我们身边的放热现象和吸热现象

我们平常所说的"被火烧"，用化学术语讲，就是燃烧，燃烧的过程中会产生光和热。因为是散发热量，所以燃烧也是一种放热现象。

去野营时，我们生的篝火就是燃烧的一种类型。

其实这种燃烧在我们体内也悄悄地发生着。

大家都不信吗？你一定会问："如果在我们的体内有燃烧现象的话，我们岂不是早就化为灰烬了？"呵呵，其实不是这样的。

在我们吸气的时候，氧气会进入我们体内。进入体内的氧气与我们体内的营养物质发生化学反应，并产生我们生命活动所需要的能量，也就是我们经常说的热量，但为了避免体内着火，这种反应会进行得非常缓慢，并不断释放出能量。

我们的身体在不知不觉中发生着许多诸如此类的化学反应。很神奇吧！

那么发生在我们周围的吸热反应又有哪些呢？

我们经常吃的木糖醇口香糖中含有的木糖醇，遇到水就会发生吸热现象。当我们嚼木糖醇口香糖时，会觉得非常清凉，这就是木糖醇溶解在唾液中而吸收热量的缘故。

在炎热的夏天，经常咀嚼木糖醇口香糖，可以给大家带来清凉的感觉。用加有木糖醇成分的布料做出的衣服也具有吸收热量的功能，木糖醇会溶解在汗水中并吸收身体散发出的热量。那么，穿着这种衣服的人不就因为被木糖醇抢走热量而变得凉快了吗。

我们可以把吸热现象单纯地认为是一种化学反

应，如果我们在日常生活中稍微用心一点，就可以利用它为我们的生活带来许多便利。

　　在夏天，下雨的时候会很热，但雨后就变得很凉快，这也和放热现象、吸热现象有关。下雨是空气中的水蒸气转化成水的变身过程，这时会散发出热量，温度也随之上升。但是雨停之后，地上的雨水又会重新变回水蒸气，这时就会吸收热量，使温度下降，从

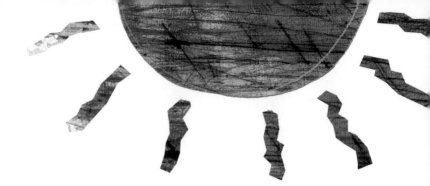

而变得凉爽起来。

　　除了上面所说的这些，我们周围还有许多吸热反应和放热反应在不断地发生着。小朋友们一定要仔细观察哟！

水在蒸发时吸收热量，使周围的温度降低。

卷发是怎么做成的呢
氧化与还原

今天，正斌看上去心情很差。沉着个脸，好像对什么事情感到很失望。

"哇，珠儿，你的发型好漂亮啊！去理发店了吗？"

"嗯，怎么样，适合我吗？"

班上的同学都挤到珠儿旁边来看她的新发型，都夸这个发型很漂亮。

这时，正斌走到珠儿后面，小心地说了一句：

"珠儿，我觉得直发更适合你……"

60

呵呵，原来正斌不高兴都是因为珠儿换了发型啊。

正斌喜欢自己的同班同学珠儿。珠儿人长得很漂亮，而且心地善良，还有她那长长的直发更使他动心。

不了解正斌心思的珠儿竟然去烫了卷发，怪不得正斌不高兴呢。

"真不明白她为什么要烫发呢？"

正斌开始讨厌烫发了。

就是因为有烫发技术的存在，珠儿那头顺直的长发才会一夜间变成卷发的。

但另一方面正斌又对烫发产生了一些好奇。

究竟是什么秘密武器，能把珠儿那漂亮的直发变成卷发呢？

氢原子——粘贴又摘除

用特殊显微镜观察头发会看到许多原子，其中的硫（S）原子有着稍微独特的性格，那就是它们喜欢结结实实地互相靠在一起，如果想把这些硫原子分散开来，就需要使用特殊的魔法药剂。

在理发店里，有没有看到发型师把各种药剂涂抹在头发上呢？这就是我们刚才所说的魔法药剂。

如果头发中的硫原子们互相手拉着手，并且把手抓得很紧，那么头发能不能弯曲自如呢？所以烫发时，我们要在头发上抹点药剂（还原剂），使硫原子之间无法手拉手。

这种药物中含有氢（H）原子，氢原子会偷偷地钻到硫原子中间将它们的手分开。

这样一来，发质就会变得很柔和了。现在我们就可以按照自己想要的模样随意弯曲头发了，然后在头发弯曲的状态下，我们要设法去除掺和在硫原子之间的氢原子，这时就需要涂抹第二种魔法药剂——氧化剂，让硫原子们可以重新手拉手。

好了，现在没有妨碍硫原子的氢原子了，它们又

可以重新拉住对方的手啦。重逢的它们会不会很高兴
呢？这下它们的手拉得更紧了，也只有这样，才能长
久保持漂亮的发型。

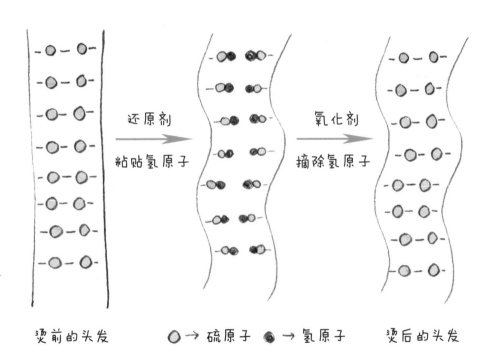

烫前的头发　　　　◯ → 硫原子　　● → 氢原子　　　烫后的头发

氧的来往

就像烫发时使用的魔法药剂一样，把氢粘贴到硫的药剂和从硫中摘除氢的药剂都有着自己的名字。

不仅是烫发药剂，凡是能起到像摘除氢原子一样的作用的物质都可称为氧化剂；相反，能起到像粘贴氢原子一样的作用的物质则称为还原剂。

名字有点难懂吗？听起来是有点难以理解，但是氧化反应与还原反应在这个世界上发生的所有化学反应中占据着十分重要的地位。此时此刻，大家的周围也在不断地发生氧化反应和还原反应。

氧化不单单是失去氢的反应，也包括所有得到氧的化学反应。

我们利用从鼻子吸进来的氧气制造能量是一种氧

化，着火或者钉子在空气中生锈的现象也是氧化。

还原是恰恰与氧化相反的过程，是得到氢或是失去氧的反应。还原与氧化之间的关系十分密切。如果有一方获得氢，就要有一方释放氢，不是吗？打个比方，如果有一位朋友送了我一本书，我就是获得的一方，而朋友自然就是送出的一方。

也就是说，氧化与还原总是同时发生的，有还原的地方就一定会有氧化，它们永远都不会分开。

人体内的化学世界

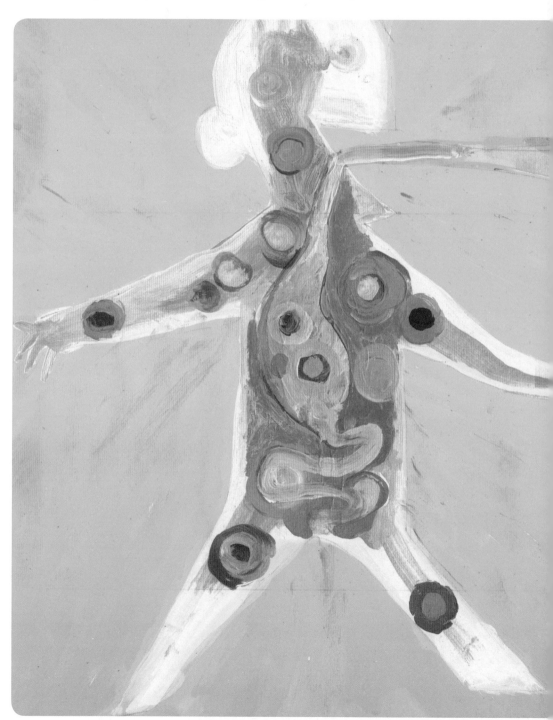

我们的体内也有化学世界。

如果没有这个化学世界，我们就无法呼吸，也无法吃东西了。

甚至，没有化学，我们的身体就不会存在。

那么，现在就跟着我们的朋友正斌一起去探索一下我们体内的这个化学世界吧。

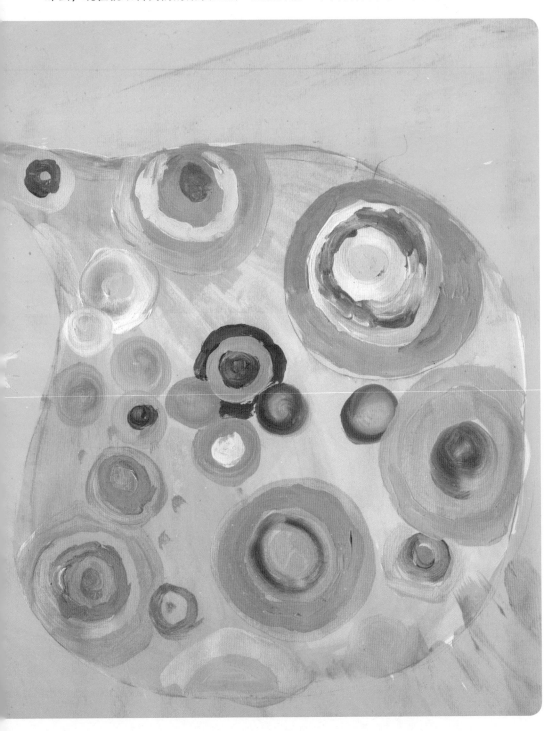

想长高吗

营养素

暑假结束，新的学期开始了。全班同学都坐在了自己的新座位上，这时班主任突然惊喜地说：

"秀珍，你长高了哟。这张椅子有点不适合你了吧？"

秀珍是正斌的同班同学，也是正斌家的邻居。去年，秀珍还和正斌的身高差不多，所以一直和他同桌。可是在短短一年的时间里，秀珍就迅速长高直接坐到最后一排去了。

一天课间休息时，正斌跑去找秀珍。

"秀珍，你吃过什么营养药吗？"

"营养药？没吃过啊。我妈说啦，饭是最好的营养药。"

正斌摇了摇头。

"我吃饭吃得也挺多的啊，可为什么就是长不高呢？继续这样下去的话，如果以后长大了比你矮，该怎么办呢？"

正斌走在放学回家的路上仍然感到很伤心。因为路过文具店时，从玻璃窗中映射出的自己与秀珍的身高差距实在太大。

回家后，正斌对正在做晚饭的妈妈抱怨个不停：

"妈妈，为什么我吃饭吃得这么多，可就是不长高呢？"

"你不是经常从妈妈给你做的饭里挑出豆子吗，

糖类

脂肪和蛋白质

蛋白质

还有你也不爱喝牛奶呀。妈妈不是早就说过了嘛，像你那样偏食是不会长高的！"

"可是我吃饭吃得很多啊。米饭不是最重要的吗？大家都说，米饭是最好的营养药。"

正斌说得没错。只要人们好好吃饭，个子就会长得高高的，身体也会健康。但是为什么吃饭很多的正斌，就是长不高呢？

不能挑食

今天，正斌家的晚饭是加豆子的米饭、酱牛肉和鸡蛋、豆腐汤、炸虾，还有青菜。正斌很喜欢吃炸虾，却不喜欢吃加豆子的米饭。所以他把豆子挑出来而只吃米饭，这时候妈妈就在旁边唠叨："不挑食才能长高！"

餐桌上的饭菜包含着各种营养素。

每种营养素的功能都不一样，在体内所制造的东西也不一样，所以只有摄取了各种营养素，我们的身体才能正常运转。

米饭是糖类食品，玉米、土豆、地瓜和米粉中也包含有很多糖类。糖类食品会在我们体内直接转化成人体活动所需要的能量，所以吃饭能为我们的身体提供能量，让我们体力充沛。

酱牛肉、鸡蛋和豆腐是蛋白质食品。蛋白质可以制造出肌肉、头发和指甲等身体组织，可以说是制造身体组织和器官的原料。

另外，油炸食品中含有许多脂肪。

脂肪可以像糖类一样让我们的身体充满力量，也像蛋白质一样起到构建身体组织和器官的作用，还可以帮助我们消化掉其他营养素。

糖类、蛋白质和脂肪是对我们身体最重要的三大营养素。

你们看，我们吃的所有食品都是由化学物质组成的。

食物能产生力量

米饭、拉面、糖果和巧克力都属于糖类食品。可是米饭和拉面又不像糖或巧克力那么甜，为什么说它们是糖类食品呢？

大家有没有试过把一口米饭嚼一百多次呢？如果不像往常那样嚼了几次就咽下去，而是反复咀嚼好多次，就可以尝到平时没有尝到的一些甜味了。

既不是糖，又不是巧克力，为什么米饭中会有甜味呢？

那是因为构成糖类的物质是糖。

如果用特殊显微镜来观察米粒，我们就可以发现米的表面上粘着非常多的糖粒子。

这些糖有一个很古怪的特性，就是当它们聚在一起的时候不会有甜味，但是一旦它们分开单独存在，就能有甜味了。

　　我们在吃饭时，如果细细咀嚼的话，就能将这些

我们是糖！除非好好嚼我们，不然拆散我们是绝对不可能的。

糖分散开来，这时我们就可以感觉到甜味了。糖果和巧克力就是用这些被分散过的糖制造的，所以一吃到嘴里就甜丝丝的了。

把糖类食品嚼到能尝出甜味的程度时，更有助于此类食品的消化。

总是消化不良的小朋友们，从现在开始，吃饭时不要再狼吞虎咽了，嚼到能感觉到甜味为止，不是更有利于消化吗。

消化掉的糖类，被我们人体吸收后，就会为我们的身体提供能量。

　　静坐在椅子上只做呼吸，这个听起来不怎么费劲的动作却需要消耗很多的能量。消化食物或者和朋友们一起运动、学习，岂不是需要消耗更多的能量？如果身体无法提供充足的能量，我们就不能跟朋友们愉快地玩耍了，严重的话还会生病。我们的身体在能量匮乏时，就会分解我们肌肉中的物质来造出能量。

　　现在知道糖类起着多么重要的作用了吧？

　　从现在开始大家一定要坚持一日三餐，每碗米饭都要好好地嚼着吃，让我们做个约定吧！

肉能使肌肉发达

陆地上的鸡肉、猪肉、牛肉等肉食和大海中的黄花鱼、带鱼、金枪鱼等海鲜，都是蛋白质食品。

蛋白质是构建我们身体的重要营养物质。手指甲、脚指甲和头发会变长，这都跟蛋白质有关。

爸爸的手臂使劲时，手臂上的肌肉就会凸出来，肌肉的形成也少不了蛋白质的作用。蛋白质存在于肉类和鸡蛋的蛋黄中，豆子和豆腐中也含有很多的蛋白质。

用特殊显微镜来观察蛋白质的话，会觉得蛋白质长得像玩具积木。在我们看来好像就是随意组合的，但实际上，它们是按照一定的规律结合的。就像糖类是由很小的糖构成的，蛋白质也是由很小的单位组成

头发和指甲都长得这么好，可为什么就是不长个子呢？

76

的，我们把构成蛋白质的这一小单位称为氨基酸。氨基酸是由碳、氮等多种元素组成的，其种类有20多种呢。各种蛋白质会成为制造我们身体的头发、指甲、肌肉等各种组织和器官的材料。

哦！看来我们的身体里也有一个化学的世界哟。

强身健体的营养素——脂肪

我们平时所见到的猪肉，是不是有红色的部分和白色的部分呢？这个白色的部分就是脂肪。脂肪在我们身体内做的事多着呢，能够像糖类一样为我们提供能量，能够保护我们的心脏、肝脏和大脑等重要器官免遭压力和冲击力的伤害，还能帮助我们吸收各种营养素，而且可以在调节心跳和血压时起到重要作用。人体内的脂肪量很小，有时还会转化成各种维持我们身体健康的维生素。

过去，人们只觉得它是一种油腻的物质而已，真想不到它竟然在我们体内做这么多的事情！难怪营养学家会把脂肪归类为三大营养素之一呢！如果平时不注意摄取这么重要的脂肪，身体就不能保持健康了。

脂肪存在于所有生物中

动物脂肪

植物脂肪

但是摄取太多的脂肪也会导致人体发胖，从而危害我们的身体健康。因此，有些大人是不吃脂肪食品的，但正处于生长期的小朋友是一定要吃脂肪的哟。如果觉得猪的肥肉太油腻而吃不下的话，也可以选择其他的脂肪食品。脂肪不仅存在于猪肉或鸡肉等肉类中，在鱼类或植物中也是含有的。

虽然都是脂肪，但猪肉脂肪、鱼类脂肪和植物脂肪的性质是各不相同的。一些对身体不好的脂肪一般多存在于猪肉、鸡肉、牛肉等动物脂肪里。而从鱼类或植物的种子中取出的植物脂肪可以减少身体中的坏成分，这样的脂肪对我们的身体很有好处哟。

大家找到促进我们长高的最重要的因素了吗？那就是要"合理膳食"！

不仅要摄取有益的食物，我们的体内还要有健康的消化系统，只有这样，我们吃的食物才能最大限度地发挥它们的本领，也只有这样，我们才能长得又高又健壮。

今天晚上吃饭的时候，我们就要试着不挑食，试着把所有的饭菜都吃一遍。这样长期坚持下去，大家就会感觉到精神比以前更好，身体也变得越来越结实了。

娃娃熊为什么不能吃炒年糕
消化酶

滴滴答答。

"啊，下雨了！"

正斌十分遗憾地叹了一口气。自从开学到现在，正斌和他的朋友们都因去上补习班而没有好好聚过一次。本来约好了今天要踢足球的，但天气预报里也没预报的大雨突然袭来。

"不是说周日的天气很好嘛，天气预报真不靠谱！"

正斌给朋友们打电话说即使下雨也要踢球，但妈妈们都不让孩子在雨天出去玩。

"唉，算了，我也没办法了。"

正斌只好放弃了，决定陪妹妹在家玩一天。

"正斌长大了呀，都知道带妹妹玩了。那妈妈今天就做正斌最喜欢吃的炒年糕作为奖励吧。"

"哇，太棒了！"

一听到妈妈要做他最喜欢吃的炒年糕，正斌就高兴得合不拢嘴了。

　　因为下雨不能出去踢球，这让正斌的心情一团糟，但是能够陪妹妹玩，而且能吃到炒年糕，正斌的心情立刻好了起来。

　　"我一口，妹妹一口。"

　　正斌呼呼地吹了吹还很烫的炒年糕，然后喂给妹妹吃。这时，妹妹也想像哥哥喂自己那样喂别人，就学着哥哥的样子给自己的娃娃熊喂炒年糕。

　　"妹妹，娃娃熊是不能吃炒年糕的。"

　　"为什么呢？为什么我的小熊

就不能吃呢？熊也会饿啊。"

"因为娃娃熊即使吃了你的炒年糕，它也没有办法消化。"

"嗯？消化，什么是消化？"

这个问题让正斌有点心慌。其实正斌对消化也不太懂。

"呃……这个嘛！这个问题很深奥，即使和你说了你也听不明白。"

消化酶的工作——消化食物

"咕咚！"

咕咚一声，正斌跟着食物掉进了一个又窄又长的通道。周围一片漆黑，根本看不清这里是什么地方，地面非常湿滑，站都站不住，简直比坐过山车和海盗船还要恐怖。

就在正斌害怕得快要哭出来的时候，他到达了一个陌生的地方。

"这是哪儿啊？"

正斌强打起精神，环顾了一下四周。这时在不远处有某样东西正向正斌一摇一晃地走过来。仔细一看，长得很像漫画中头非常大、四肢却很细长的外星人。

"你说这里吗？这里是人的身体内部呀。进来的时候，你是不是经过了一条有点恐怖的通道啊？那个通道叫食管，是所有食物进入胃之前的必经之路哟。"

"你是谁啊？"

"哎呀，差点忘了介绍自己，我是酶队长。酶是一种能促进食物消化的催化剂，而我就是那些酶的队长哟。"

虽说长得有点怪，但从他友好的态度来看，不像是什么坏人。正斌这才放下心来。

"那条通道实在太恐怖了，赶紧让我回家吧。"

酶队长摇了摇头。

"你不是说想了解一下消化吗，怎么这么快就打退堂鼓了呢？"

正斌有点糊涂了，自己是想了解消化的知识，可是这想法从来没跟别人说过啊，这位酶队长又是怎么知道的呢？他还带自己来到了这个地方。

"可是……"

"呵呵，别太担心。后面就没有像刚才那样恐怖的通道了。从现在开始，我会带你好好参观一下人体内的工厂，顺便给你介绍一下我的朋友们。"

溶解食物

酶队长边走边给正斌介绍了他们要去的目的地。

"食物顺着食管下来后，首先进入胃。闻一闻周围的味道，是不是有些酸酸的？"

酶队长这么一说，周围还真的有食物被煮得沸腾时那种呛人的酸味刺激着鼻子。

"这种液体是酸性的，味道和气味都是酸的。因为它是从胃里出来的，所以叫胃液，它的消化功能威力无比。"

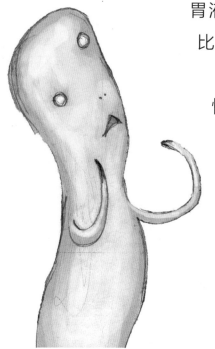

"为什么胃里会产生酸性这么强的液体呢？"

"因为胃要消化食物啊。"

胃中会产生具有强酸性的胃酸。胃酸会给一种叫胃蛋白酶的消化酶提供良好的工作环境，胃蛋白酶能够溶

化鸡蛋或肉等蛋白质
食品。

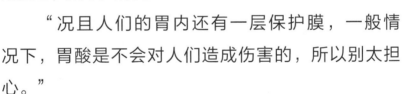

　　"我们体内竟然有这
么强的酸！那岂不是所有人
的胃里都会被腐蚀出个大
洞？"

　　"呵呵，不必担心。胃
酸才没有那么勤快呢！只有
蛋白质进来的时候，它才会
抛头露面。它专门消化蛋白
质。"

　　酶队长觉得正斌还是有
点担心，所以又补充了一句：

　　"况且人们的胃内还有一层保护膜，一般情
况下，胃酸是不会对人们造成伤害的，所以别太担
心。"

　　酶队长把正斌带到一边，给他介绍了一位陌生人：

　　"来，给你介绍一下，这是胃酸中的胃蛋白
酶。"

　　酶队长介绍的这位胃蛋白酶同事，穿着白大褂，长得又黑又小，鼻梁上挂着一副沉重的眼镜，还戴着一个厚厚的口罩。

"你好！我叫胃蛋白酶，是胃酸中的酶，我的工作是溶解胃中的蛋白质。"

这时从食管里掉下了许多食物。

"真想和你多聊会儿，但我现在必须离开了，我得去干活了，你们好好逛一逛吧。"

胃蛋白酶跟正斌打了一个简短的招呼后，就朝着胃的中央跑去。

"刚才胃蛋白酶说它是胃酸中的酶，对吧？那么胃蛋白酶需要一直在这里干活吗？"

"对，很多酶都有自己特定的工作岗位。"

"为什么啊？到不同的地方工作不是更有趣吗？"

正斌跟队长说起自己在家时如果玩具玩腻了就出去踢球或看动画片的事情。

"不同的酶，有不同的分工，所以他们的工作环境也不一样哟。酶中有像胃蛋白酶一样只能在酸中活动的酶，也有不能在酸中活动的酶。具体的到后面介绍其他朋友时再跟你说吧。"

"竟然只能在这种散发着酸味的地方干活！"正斌感到胃蛋白酶的处境有点可怜，但是想到自己吃的肉会在胃蛋白酶的帮助下消化掉，又觉得胃蛋白酶很了不起。

粉碎食物

唰唰。

在胃中消化掉的食物正在以很快的速度流向某个地方。

正斌和酶队长走得非常缓慢，这是为了避免不小心滑倒而被消化掉的食物卷走。

"现在我们要去哪儿啊？"

"我们要去的地方是小肠。"

到了小肠一看，那里有许多酶聚在一起，这些酶和酶队长长得很像。

"等等，现在我好像闻不到刚才的酸味了。"

"那是因为胰腺会排放碱性溶液。"

碱性与酸性的性质是不同的。

当碱性溶液遇到酸性溶液时会中和成没有气味的

水溶液。正斌没
有在小肠中闻到酸酸
的气味的原因正是如此。

"胰腺会在小肠中制造各种
酶。只有在这些酶的作用下，食物
才能被分解，因此，胰腺是一个非常
重要的器官。我来给你介绍一下这些酶
吧。"

"我们是胰淀粉酶、胰蛋白酶和脂
肪酶三兄弟！"

在与胰腺连接的通道上出现了三个
小孩，他们分别把头发染成红色、蓝
色和黄色。

"我们虽然长得差不多，但是

一起走嘛，酶队长！

要想见其他酶，得紧跟着我哟！

我们的工作可不一样哟。胰淀粉酶的工作是把米饭或面包等糖类食品分解成糖，胰蛋白酶的工作是把胃中流下来的蛋白质分解成更小的粒子。那我脂肪酶是消化哪一种营养素的呢？"

黄头发的小孩问正斌。

"糖类和蛋白质都有人负责了，除了这些……啊！是脂肪。"

"叮咚！回答正确。在小肠里我们三兄弟会把三大营养素都消化掉。"

因为和朋友们一起干活，所以感觉还是蛮有趣的。

被分解成小块的食物不断地在小肠中流动着。

小肠像跳霹雳舞似的前后运动着，把这些食物碎块向前推移。

"好了，终于到了我们的辛勤劳动绽放光彩的瞬间！"

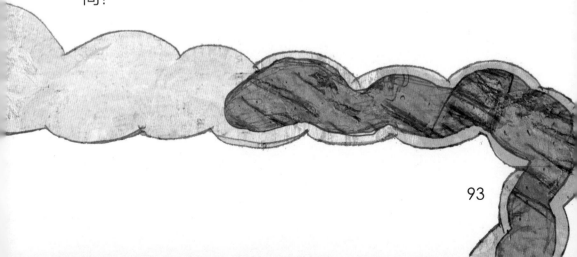

酶队长说道。

"我们这些酶辛苦分解的食物小块会在小肠中这样蠕动着。通过这样不停地蠕动，人的身体所需要的营养素就会被吸收到小肠襞中去。"

顺着小肠继续向下走，就到了我们身体最后的消化器官——大肠。大肠中没有酶，大肠的工作就是把小肠中剩下的水和没有被小肠壁吸收的营养素统统吸收干净，然后把残渣排出体外。

"最后被排出体外的就是便便哟，哈哈。"

这么一说，好像真的闻到了一股怪怪的气味。正斌皱起了眉头。

旅行结束了，你觉得怎样啊，好玩吗？

陪着正斌做体内旅行的酶队长突然消失了。正斌环顾着四周寻找酶队长，这时从某处传来了喊正斌的声音。

"正斌，正斌，怎么午睡睡得这么久啊。快起来，爸爸回来了！"

吃多了炒年糕的正斌好像不小心睡着了。

"啊，酶队长你去哪儿？别离开我。"

"什么酶队长？呵呵！"

正斌被妈妈的笑声吵醒了。虽然只是一场梦，正斌似乎因和酶队长分开而感到有点遗憾。但他想到这下可以给妹妹讲解什么是消化时，脸上又浮现出了幸福的笑容。

 # 用指示剂来揭穿你的身份

有一种叫作酸度的标准被用来检测物质的酸碱性。

酸度以0到14的顺序分为15个等级。7表示中性，如果比7低就表示物质呈酸性，而比7高的话就表示物质呈碱性。

酸性物质有酸酸的味道和气味，而碱性物质则有苦味，触摸时也会有滑滑的感觉。

要注意的是，人们不能直接去触摸太强的酸性或碱性物质，更不能直接去品尝它们的味道，这些都是非常危险的行为。一旦触碰，它们就会在我们的身体

酸度的15个等级

上留下伤痕，所以当见到身份不明的物质时，千万不能随意品尝味道或把手伸到里面去。

为了防止人们遭受不明物质的伤害，人们发明了能够判断酸性或碱性的物质，这种物质叫作酸碱指示剂，又称pH指示剂。pH指示剂会告诉我们那些不明物质是酸性还是碱性。根据溶液的状态，pH指示剂会变色或变混浊。

能够分辨酸碱的pH指示剂有很多种，其中最常用的是甲基橙和甲基红。这类pH指示剂在遇到酸性时呈红色，遇到碱性时呈黄色。

分辨碱性溶液时，经常使用的是一种叫酚酞的试剂。这个试剂对酸性毫无反应，但在碱性条件下会马上变红。

除了液体pH指示剂，有时候会利用蘸有pH指示剂的试纸。在学校里经常使用的石蕊试纸，在碰到酸性溶液时会变红，碰到碱性溶液时会变蓝。

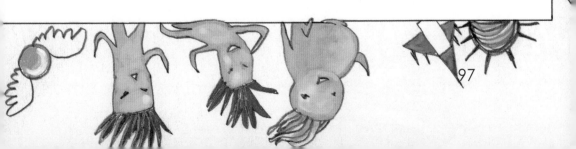

珠儿的脸变红了

激素

范镇在正斌的班级里，是人气最旺的一名男同学。他不仅长得帅，个头还很高，并且非常有运动天赋，性格也很开朗外向，真是让人没法不去喜欢他啊。虽然正斌喜欢珠儿，人家珠儿却喜欢范镇。

其实正斌也挺喜欢和范镇玩的，但是每当发现珠儿看见范镇就露出笑容时，他就觉得范镇特别讨厌。今天早上就发生了一件让正

斌非常反感的事
情。

当时，正斌
和范镇正一起走
在上学的路上。

"珠儿，一
起走吧。"

看到在前面
走的珠儿，范镇
大声叫道。珠儿
一转头看到范镇，
脸上立马露出了笑
容。珠儿在原地等

正斌和范镇走过来，可当珠儿与范镇四目相撞时，珠
儿的脸一下子变红了。

"珠儿肯定喜欢范镇。"

正斌有点嫉妒范镇了。

可是，为什么珠儿在看见范镇的时候会脸红呢？

人体内的指挥家——激素

激素是我们身体自身制造出的化学物质。

激素是我们体内的信息传递信使。

在我们活着的时候，激素将不断地在我们体内工作。但我们是无法控制激素的。激素都是靠自己的努力来解决问题的。

当我们长个子时，激素会下达制造骨头的命令；激素还会告诉妈妈肚子里的妹妹快要出生了；婴儿们喝的母乳也是在激素的作用下产生的。当我们吃东西时，激素就会指派酶来帮助我们消化食物，诸如此类的事情都是激素的工作范围。

举个例子，当我们要长高时，激素就会帮助我们生长，而到不能再生长时，激素就会给身体发出停止生长的信号。

当我们喝了很多水时，体内的许多物质将被水泡得无法发挥它们自身的机能。这时激素就会发出小便的信号，把水排出体外，身体就能回到正常的状态了。只有这些吗？体内如果缺水的话，激素又会发出口渴的信号让我们去喝水。

体内产生的化学物质竟然在控制我们！
激素真像是我们体内的指挥家。

爱情因子——多巴胺

珠儿看到范镇时脸会变红，就是因为我们体内有多巴胺。

多巴胺是人在坠入爱河时产生的激素。

如果体内的多巴胺增加，我们的身体就会像刚跑完步似的心跳加速，体内血液流动速度变快，所以脸会变红；另外，多巴胺可以让人感到愉悦和满足。

多巴胺分泌得越多，人越会感到身体充满活力并且觉得幸福。所以坠入爱河的人即使不进食也感觉不到肚子饿。

因为这种信号，人们很快就能意识到自己喜欢上某人了。让人坠入爱河的多巴胺是不是很像丘比特的箭呢？

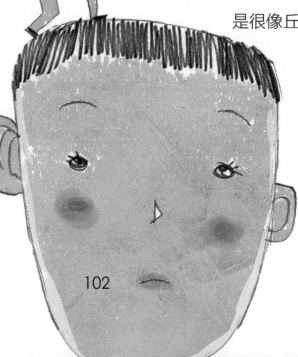

但是不管爱情有多深，六个月之后，多巴胺的分泌量都会逐渐变少。那么爱情也将会随之结束吗？

102

幸福因子——内啡肽

当体内的多巴胺减少时，另一种叫作内啡肽的激素的量就会增加，内啡肽是"体内的鸦片"的意思。

内啡肽可以有效阻止身体的疼痛，并带来欢快感和愉悦感。爱情能让身心感到幸福的原因就是我们体内存在这种内啡肽。当我们激烈运动或吃很辛辣的东西时，也会产生很多的内啡肽。有没有过在运动刚开始时会感觉到很辛苦，但之后就感到越来越爽快的经历呢？吃辛辣食品的时候，刚开始舌头会很疼，但之后是不是总想再吃呢？这也是因为内啡肽的作用，它帮我们止痛，并且让我们愉快和高兴。

笑能产生很多内啡肽。笑得越多，我们的心情就会越愉快，我们的身体也会越健康。所以在生活中，我们要多笑，让我们永远保持健康吧！

未来的化学世界

这次想不想一起乘坐时光机器去2077年的未来世界看看呢？
家务是不是由机器人来做呢？学生又将是怎样上课的呢？
食物是不是用药丸来代替了呢？有没有能在天上飞的汽车呢？
让我们一起去未来的化学世界旅行吧！

飞在天上的汽车
超导现象

"上午7点，起床时间到了。"

闹钟真的好吵啊。正斌从床上一起来，闹铃就自动关掉了。

装在床上的传感器正对动作进行感应。虽然正斌还想多睡一会儿，可是没办法，要是重新躺下去闹铃就会响，所以只能从床上起来了。

今天是2077年3月2日，是寒假结束后正斌升入新学年的第一天。

正斌起床后就到洗手间洗脸刷牙，还小便了一次。这时马桶的显示器上出现了"健康"两字。马桶中装有自动检查小便是否正常的传感器，传感器通过尿液来分析家人当日的身体状况并及时汇报给妈妈。

"正斌，起来了。赶紧吃早饭，然后上学去。"

可能因为今天是开学的第一天，妈妈的声音听起来比往常尖锐多了。机器人通过电脑分析吃饭人的体重，做出了相应的食物并送到吃饭人的面前。爸爸好像有点放心不下，所以打算开车送儿子到学校。

"呜呜。"

随着发动机启动的声音，汽车开始离开地面并缓缓地向上升，离地面越来越远了。然后朝着学校的方向快速飞去。因为爸爸送他上学，所以今天正斌很早就到了学校。

举起列车的大力士——磁铁

现在世界上有浮在空中行走的列车吗？

磁悬浮列车不像其他普通列车一样贴着轨道行驶，而是悬浮在轨道上方大约一厘米处行驶。

能够让载有数百名乘客的列车浮在空中行驶，依靠的就是磁力。磁力就是磁铁的力量。

我们玩磁铁的时候，有没有发现异极（N—S）互相吸引，同极（N—N，S—S）互相排斥的现象呢？

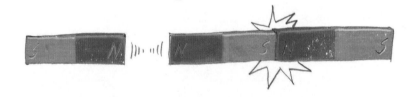

磁悬浮列车就是利用了同极相斥的原理而研制出来的。

大部分金属线圈在有电流流过时都能成为磁铁。

把这种金属线圈贴在列车上，这样在没有电流的情况下就可以贴在轨道上了，而一旦有电流经过，列车一下子就会变成磁铁并和同极轨道互相排斥。靠着这种力量，列车就能浮在轨道上了。

我们平时司空见惯的磁铁竟然拥有举起列车的强大力量！在化学世界里是不是没有一件东西可以让我们忽视掉呢？

能成为大力士的特殊金属

大家现在是不是已经知道了磁力具有举起列车的力量了呢？

但是这里还有一个问题。

承载数百、数千人时，列车是非常重的，所以磁力也需要相对变大才行。为了使磁性变强，就需要更大的电流。这时有一种因素阻碍着电流的顺利流动，我们称它为电阻。在存在电阻的情况下，即使给金属线圈充电，磁力也无法达到预期的程度。

但是，无论是什么金属，如果把温度降低到一定程度，它们的电阻将会消失，电的流动就会畅通无阻。我们把这种电阻突然消失，使电流无阻碍流动的现象称为超导现象，而称无电阻的金属为超导体。

超导体因为没有电阻，所以只要通上一点点的电流就能产生其他金属无法产生的超强磁力。

利用超导现象的磁悬浮列车和靠车轮行驶的普通列车相比，不仅噪声小，而且只需要少量的电能便可以走很远的距离，速度也很快，这岂不是一举两得？

到目前为止，世界上还没有发明出大家所想象的那种可以在空中飞行的汽车。但是可以浮在空中行驶的列车已经被开发出来了，那能在空中飞翔的汽车也就为期不远了，大家说是不是啊？

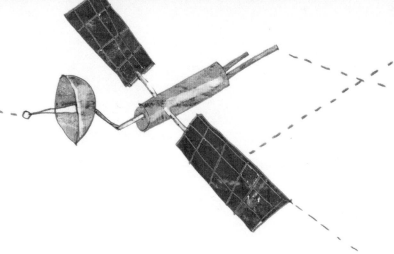

没有笔记本的世界
液晶

当正斌走进教室时，别的同学早就到了。

正斌和同学们亲切地打了招呼，便坐到了自己的位子上。

然后他从口袋中拿出叠得很小的电子笔记本铺在桌子上。

"今天有什么课来着？"

正斌在电子本上确认了一下今天的课程。第一节是班主任的科学课。虽然今天要学的内容昨晚就被传送到了电子本上，但正斌没预习，所以现在很担心。

老师进教室了。

"大家好。我是从今天开始担任你们班主任的金老师，同时我也是你们科学课的老师。以后我们一起好好努力吧。明天的课程表会发送到你们的电子本上，所以请你们及时确认，明天的上课内容也要预习噢。好吧，今天是开学第一天，大家是不是需要互相认识一下新的同桌呢？那我们就先来自我介绍吧。"

开学第一天就这样在认识新同学和愉快的课程中过去了，真的好期待以后的学校生活。

时而是液体，时而是固体

相信在不久的将来，我们也可能会像未来世界中的正斌他们一样，在学校不必再使用纸质笔记本了，取而代之的是全电子化的笔记本。

在制造这种简洁方便的电子本所需的材料中，最重要的就是液晶。手机、电视、电脑显示器等显示屏用的都是液晶显示屏。

液晶使画面更清晰，颜色更鲜明。

那么这个液晶到底是什么呢？

液晶是一种可以变成像水一样的液体又可以变成固体的神奇物质。

但是又不像水那样会随着温度发生状态变化。

那么液晶是利用了什么原理才能使它时而是液体，时而又是固体呢？

114

通电就会排队

组成液体的分子可以
在溶液中自由自在地游来
游去，所以液体没有固定
的形状。

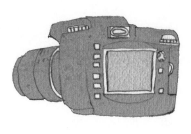

但是组成固体物质的分子有自己的固定位置。
因为前后左右的分子之间互相紧拉着手，所以没法
离开那个位置。也正因如此，固体一直都保持着同
样的形状。

液晶分子的模样像线条或者木板一样细长。它们
平时会比固体分子的活动量稍多一些，但不像液体分
子那么自由，是处于固体与液体的一种中间状态。

但是一旦给它们通电，毫无秩序的液晶分子们就
会瞬间整齐排队。

我们经常使用的电子表就是利用了这种原理。

在液晶上以数字的模样连接电极，然后往那里
通电，那么有电流流过部位的液晶分子们会整齐地站
好。我们就是通过这些整齐排队的液晶分子所呈现出
来的数字知道时间的。

虽然要比电子表稍微复杂些，但是手机的液晶屏幕上给我们呈现的华丽影像或文字，也是利用了相同的原理。

我们周围正有许多物品通过液晶的这种性质来开发制造，例如，壁挂式电视机、收音机、随温度变化颜色的衣服或汽车，以及按我们的要求变暗或变透明的液晶窗帘等。

这些都利用了通电时，液晶分子们会整齐排队这一特性。

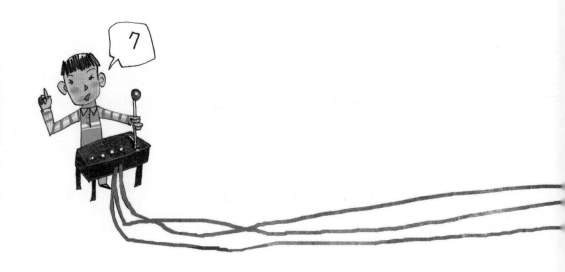

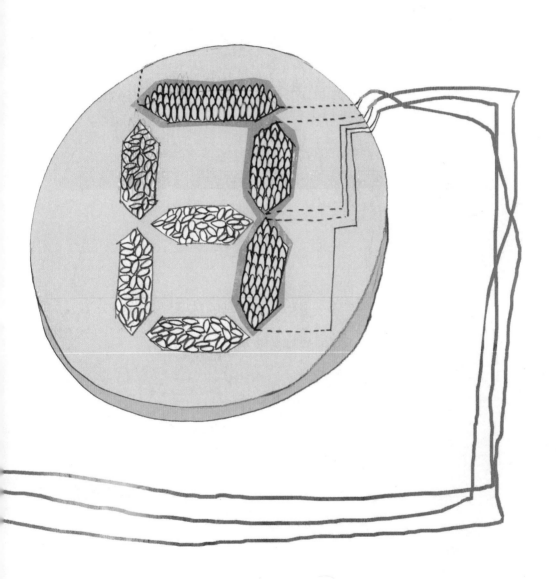

纳米银爱干净
纳米科学

　　因为今天是开学第一天，所以放学比往常早了一些。当正斌走进家门时，装在纳米洗衣机上的电脑突然出声：

　　"哗哗，正斌同学！您的衣服被细菌污染了。请您洗衣服！"

　　"哎呀，这家伙好烦啊。又要洗吗？"

　　"正斌同学！您的衣服被细菌污染了。请您洗衣服！"

　　"知道了，知道了！是不是有洁癖啊？"

　　因为是放学直接回家，所以衣服感

纳米银

嗡嗡　　纳米银吸尘器

染到细菌的概率很小，可这台电脑一直在旁边吵，正斌快要被烦死了。

一切家务都由电脑来做，虽说省了不少事儿，但正斌觉得，电脑有时候做得有点过分了。

妈妈说过，如果衣服上连一个细菌都没有而过于干净的话，身体的免疫力就会下降……电脑是不是没想到这一点啊？

正斌把衣服塞进洗衣机，然后进了厨房。在那里电脑已经通过分析计算营养素和热量的需求量做好了晚饭。吃完晚饭后，正斌就去洗手间刷牙了。这时牙

刷反面写的
"纳米银抗菌牙
刷"一行字映入正斌
的眼帘。这样看来，不仅
牙刷上写着"纳米银"三个
字，洗衣机上也有"纳米银"
的字样。

正斌突然感到很好奇。

"纳米银究竟是什么东西？怎么会被应用在这么
多的地方呢？"

非常小的小不点——纳米

"纳米（nanometer）"这个词源于希腊语中
的"纳尼奥（nanos）"。纳尼奥在希腊语中是"矮
小"的意思。现在我们把纳米作为长度单位来使用，
是十亿分之一米，单位符号为"nm"。1纳米大约有
把我们一根头发纵向平均分成10万根后那么细小，微
小得只能通过特殊显微镜来观看。

有些物质如果缩小到纳米大小时，会发生变色或

120

其他化学性质的变化。

例如，说起"金"的颜色，大家都会想到深黄色。可是金的纳米颗粒是红色的。银块是银白色的，但是纳米银颗粒的颜色则为黄色。有些纳米颗粒的颜色会随着大小的变化呈蓝色、浅绿色、黄色、红色等，就像变色龙一样。

变成纳米颗粒之后，化学性质也会发生变化。举个例子，金是不参加化学反应的金属，但是，当它变为纳米大小时，会起到帮助其他物质进行化学反应的催化剂作用。

催化剂是帮助其他物质进行化学反应而自身却不会发生变化的物质。

二氧化钛这种金属氧化物非常结实，所以常常被用作制造机身

的材料。但是它一旦变为纳米大小，就会获得自我清理（自己主动清洁自己的能力）、防止蒸汽和冰霜的能力。所以在医院的地板上一般都会涂一层纳米二氧化钛的膜。因为有自我清洗的特性，所以也常将它涂在隧道内部的照明灯上，这样可以防止汽车排放的烟灰粘到灯的上面去。

我们把纳米颗粒应用于信息技术、生物工程技术等各种科学领域中的技术称为纳米技术。

目前，为了发展纳米技术，各个领域的科学家正在努力地奋斗。

纳米银的清洁术

最近在电视广告上经常会听到"纳米银"这个词。

尤其是在洗衣机广告上，它经常会出现。正斌在家里处处可以看得见的"纳米银"为什么会使用在那么多的地方呢？

为了我们的身体健康，在遥远的古代，就开始使用银了。

"陛下，请您用膳。"

在用餐的时候，国王使用的勺子一直是银制勺。银遇到像河豚的卵或毒蘑菇等掺杂在食物中的毒素时，颜色就会变黑。所以国王在用餐之前一定要用银勺子来检查一下饭菜有没有毒，如果勺子的颜色没有变化，就可以安心用餐了。

银在变成纳米大小的颗粒后，就会拥有更加强大的杀菌能力，但这不是它原本拥有的。纳米银颗粒

最可靠的还是银勺子啊！

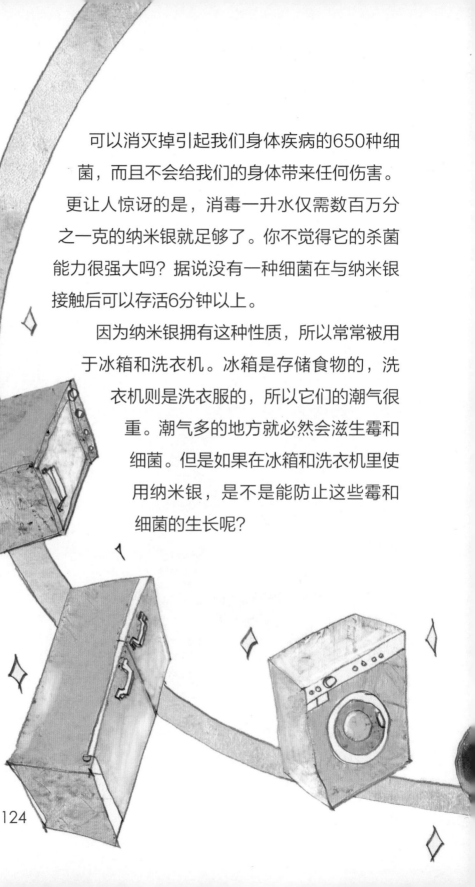

可以消灭掉引起我们身体疾病的650种细菌，而且不会给我们的身体带来任何伤害。更让人惊讶的是，消毒一升水仅需数百万分之一克的纳米银就足够了。你不觉得它的杀菌能力很强大吗？据说没有一种细菌在与纳米银接触后可以存活6分钟以上。

因为纳米银拥有这种性质，所以常常被用于冰箱和洗衣机。冰箱是存储食物的，洗衣机则是洗衣服的，所以它们的潮气很重。潮气多的地方就必然会滋生霉和细菌。但是如果在冰箱和洗衣机里使用纳米银，是不是能防止这些霉和细菌的生长呢？

用纳米机器人治病

纳米技术也被广泛应用于医药品制造领域。

对于抹在皮肤上的液体药物来说，最关键的就是看它能否进入皮肤深处，发挥它的效果，为了解决这一问题，目前有一种纳米药物已经被用于医疗，那就是将药物粉末儿或溶液置入直径为纳米大小的微粒中，以纳米粒为载体的药物进入人体后，纳米粒中的药就会流出，进而被人体吸收。

纳米技术不仅被应用于生产药物，还被用到了诊断技术上。应用纳米技术可以更早地发现身体中存在的疾病，并且帮助人们进行正确的诊断。

还有，把跟踪特定癌细胞的特殊物质制造成纳米颗粒置入身体中，就可以轻松地找到癌细胞出现的位置，并正确判断出癌细胞的种类。

癌症是早期被发现就能治愈的疾病。是不是可以借用纳米技术的力量救活很多人呢？

　　在此基础上，在不远的将来，科学家们一定会开发出一种直接用于治疗和手术的纳米机器人。纳米机器人的附件及机器都特别小，所以可以对我们体内的细胞，甚至对原子都一一进行治疗。如果这种治疗机器人能被发明并应用到生活中的话，因疾病而痛苦的人就会变得越来越少了。

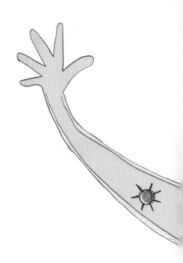

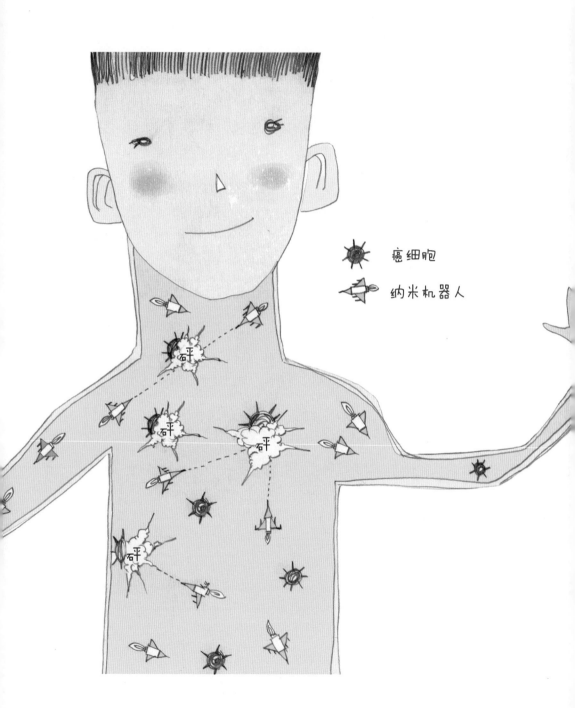

癌细胞

纳米机器人

图书在版编目（CIP）数据

跟我握手吧，化学 / （韩）金姬贞著 ；千太阳译. --
长春 ：吉林科学技术出版社，2020.1
（科学全知道系列）
ISBN 978-7-5578-5060-9

Ⅰ. ①跟… Ⅱ. ①金… ②千… Ⅲ. ①化学－青少年
读物 Ⅳ. ①06-49

中国版本图书馆CIP数据核字（2018）第199342号

吉林省版权局著作合同登记号：
图字 07-2016-4717

跟我握手吧，化学 GEN WO WOSHOU BA, HUAXUE

著	[韩]金姬贞
绘	[韩]吴胜晚
译	千太阳
出 版 人	李 梁
责任编辑	潘竞翔 郭 廓
封面设计	长春美印图文设计有限公司
制 版	长春美印图文设计有限公司
幅面尺寸	167 mm×235 mm
字 数	70千字
印 张	8
印 数	1-6 000册
版 次	2020年1月第1版
印 次	2020年1月第1次印刷

出 版	吉林科学技术出版社
发 行	吉林科学技术出版社
地 址	长春市净月区福祉大路5788号出版大厦A座
邮 编	130118
发行部电话 / 传真	0431-81629529 81629530 81629531
	81629532 81629533 81629534
储运部电话	0431-86059116
编辑部电话	0431-81629520
印 刷	长春新华印刷集团有限公司

书 号	ISBN 978-7-5578-5060-9
定 价	39.90元

如有印装质量问题 可寄出版社调换
版权所有 翻印必究